Sitzungsberichte
der Heidelberger Akademie der Wissenschaften
Mathematisch-naturwissenschaftliche Klasse
Jahrgang 1930. 1. Abhandlung.

Über kontaktmetamorphe Gesteine des Baitonegebietes in der Adamellogruppe (Italien)

von

C. Gottfried
in Berlin-Dahlem

Vorgelegt durch Herrn Erdmannsdörffer
am 18. Januar 1930

Berlin und Leipzig 1930

Walter de Gruyter & Co.

vormals G. J. Göschen'sche Verlagshandlung / J. Guttentag, Verlagsbuchhandlung / Georg Reimer / Karl J. Trübner / Veit & Comp.

Über kontaktmetamorphe Gesteine des Baitonegebietes in der Adamellogruppe (Italien).

W. Salomon hat in seiner Monographie der Adamellogruppe[1]) das Baitonegebiet auf S. 88—98 beschrieben und auch durch drei Textfiguren, Tafelfiguren und eine geologische Karte eingehend dargestellt. Er hat ferner in einem besonderen Aufsatze „Neue geologische Beobachtungen im Baitonegebiet des Adamello[2])" neues, von ihm 1928 gesammeltes Material geologisch beschrieben. Dabei erwähnt er in dem Tonalitkontakthof eine „langgestreckte, aber unreine Linse von Magneteisen", die von Granat, Biotit und anderen Silikaten verunreinigt ist. Er fügt hinzu, daß sich manchmal geradezu Granat- und Biotithornfelse entwickeln. Er ist der Ansicht, daß das Magnetitgestein aus einer Linse von Eisenspat entstanden ist, wie sie in nicht sehr großer Entfernung dem unveränderten Schichtkomplex der unteren Trias eingelagert sind, die in der Lombardei bekanntlich „Servino" genannt wird.

Der sehr verwickelt gebaute Kontakthof des Tonalites besteht im Baitonegebiet hauptsächlich aus kristallinen Schiefern, und zwar aus den im wesentlichen von phyllitischen Gesteinen aufgebauten Edoloschiefern. Untergeordnet beteiligen sich auch klastische Gesteine des Perm (Sandsteine und Breccien, wohl auch Tonschiefer) sowie Mergel, Kalksteine und Tonschiefer des Servino daran.

Nähere Angaben wolle man bei Salomon vergleichen. Ich danke ihm auch an dieser Stelle dafür, daß er mir die mineralogisch-petrographische Bearbeitung dieser Gesteine anvertraut hat.

Zunächst sollen die wichtigsten Mineralien beschrieben werden.

1. Granat.

Der Granat kommt in den kontaktmetamorphen Gesteinen, und zwar sowohl in den kristallinen Schiefern wie in den jüngeren Schichtkomplexen sehr häufig vor. Größere Massen der Servinogesteine, die mir nur von dem Fundort der Magnetitlinse oberhalb der Malghe

---

[1]) W. Salomon, Abhandlungen der K. K. geologischen Reichsanstalt, Wien, Band 21. 1908.

[2]) W. Salomon, Sitzungsberichte der Heidelberger Akademie der Wissenschaften. Mathem.-naturw. Kl. 1928. Abh. 15.

Bombià auf der Westseite des Corno delle Granate vorliegen, bestehen fast nur aus Granat und Pyroxen und können direkt als Granatskarn angesprochen werden. In diesen Skarnen bilden die Granate z. T. Haufwerke kristallographisch gut ausgebildeter Kristalle, deren Zwischenräume von Pyroxen erfüllt sind, z. T. ziehen sie sich in den Schliffen perlschnurartig durch die Pyroxone hindurch. In manchen Hornfelsen der kristallinen Schiefer bekleiden die Granate Klüfte quer zur Schieferung des Gesteins oder bilden sogar dünne Gänge in ihnen. SALOMON hat daraus auf ihre pneumatolytische Entstehung geschlossen.

Die Granate aller mir vorliegenden Stücke, gleichviel welcher Herkunft sie sind, sind immer isotrop ohne Anzeichen von optischen Anomalien. Es wurde von zahlreichen Granaten verschiedener Fundorte das spezifische Gewicht mittels Clericischer Lösung bestimmt. Dabei wurde gefunden, daß die Dichte aller untersuchter Granaten gleichglültig, ob sie aus dem Servino oder aus den kristallinen Schiefern stammen, zwischen 4.006 und 4.187 schwankt.

Von zwei Granaten wurden chemische Analysen angefertigt, für deren Ausführung ich Frl. Dr. BENDIG sehr zu Dank verpflichtet bin. Die erste Analyse (I) bezieht sich auf Granaten, die aus einem Granatskarn des Servino von Bombià isoliert worden waren, und die zweite (II) auf Granaten, die auf Klüften der umgewandelten kristallinen Schiefer frei aufgewachsen vorkamen oder in sie eingedrungen waren. Der Fundort der Granaten der zweiten Analyse liegt auf der Ostseite des Bombiàkammes zwischen der Forcella di Bombià und dem Rifugio Baitone. Die Analysen ergaben folgende Werte:

	I %	I. M. Z. × 1000	II %	II. M. Z. × 1000
SiO_2	36.79	610	36.83	611
TiO_2	0.06	1	0.14	2
Al_2O_3	19.64	192	18.97	186
Fe_2O_3	0.79	5	1.76	11
CaO	1.80	21	1.52	27
FeO	36.73	510	32.27	448
MnO	3.21	45	7.13	100
MgO	0.86	21	0.94	23
K_2O	0.01	—	0.04	—
Na_2O	0.24	4	0.43	7
H_2O	0.07	4	0.05	3

Für die Analyse I errechnet sich das Verhältnis der Oxyde zu

$$RO_2 : R_2O_3 : RO = 3.10 : 1 : 3.03$$

und für die Analyse II zu

$$RO_2 : R_2O_3 : RO = 3.11 : 1 : 3.03.$$

Vernachlässigt man bei beiden Analysen den geringen Prozentgehalt an Alkalien und Wasser, so errechnet sich folgende Zusammensetzung der beiden Granaten:

I.		II.	
84,66 %	Almandin	74,20 %	Almandin
7,23 %	Spessartin	16,34 %	Spessartin
4,57 %	Andradit	5,59 %	Andradit
3,62 %	Pyrop	3,22 %	Pyrop
100,08 %		99,35 %	

Die Dichte für I. wurde gefunden zu d = 4.152, für II. zu d = 4.006. Granat I ist klar mit dunkelrotbrauner Farbe durchsichtig, Granat II scheint bei derselben Farbe jedoch trüb durch. Die Lichtbrechung wurde an Prismen nach der Methode der kleinsten Ablenkung bestimmt zu

I.	II.
$n_{488_{\mu\mu}} = 1.8238$	$n_{488_{\mu\mu}} = 1.8283$
$n_{540_{\mu\mu}} = 1.8193$	$n_{540_{\mu\mu}} = 1.8215$
$n_{625_{\mu\mu}} = 1.8142$	$n_{625_{\mu\mu}} = 1.8165$
$a = 20^0\ 24'$	$a = 20^0\ 20'$

Es ergibt sich also hier die merkwürdige und nicht erwartete Tatsache, daß die Granaten der metamorphen Servinogesteine sich nur sehr wenig von den Granaten der kontaktmetamorph veränderten kristallinen Schiefer unterscheiden; die wahrscheinliche Erklärung dafür werde ich im folgenden geben.

Für die Kluftgranaten (Analyse II) muß mit Salomon auf pneumatolytische Vorgänge, die die ganze Granatsubstanz in die Klüfte, und von ihnen aus in die kristallinen Schiefer hineingeführt hat, geschlossen werden, denn diese sind stellenweise so außerordentlich stark mit Granat erfüllt [1]), daß man unmöglich an eine Entstehung der Granaten durch Umkristallisierung der primären Schiefersubstanz allein denken kann. Anders liegt der Fall bei den Granaten des Servino. Wenn wir uns ein ursprüngliches Sedimentgestein vorstellen, das ungefähr aus 50 % manganhaltigem Eisenspat [2]), zu 15 % aus Quarz und

[1]) Der Granatreichtum dieses Gebietes ist selbst Laien so auffallend, daß der höchste Berg von der Bevölkerung den Namen Corno delle Granate bekommen hat.

[2]) Nach Curioni, Geologia della Lombardia I 115 enthält der Eisenspat des Servino in der Umgebung des Adamello etwa 80—90 % Eisenspat, 6—8 % Mangankarbonat und 1—2 % Magnesiumkarbonat. Das gilt allerdings nur für reine Proben.

zu 35 % aus Tonsubstanz (wasserfrei gedacht) bestand, so würde dieses durch einfache Umkristallisierung imstande sein, den Granat I zu bilden. Es ist wohl möglich, daß aus solchen Gesteinen unter dem Einfluß der Magmarestlaugen Lösungen diffundieren, in die kristallinen Schiefer eindringen und die Granaten II liefern. Ist diese Auffassung richtig, so würden wir einen besonderen Fall von Pneumatolyse vor uns haben, bei dem diese letztere nicht nur durch die Restlaugen des Magmas selbst, sondern auch durch Lösungen hervorgerufen wird, die mit den Restlaugen des Magmas zusammen aus einem Teil des Kontakthofes in einen anderen wandern. Indessen soll das nicht etwa als sicher, oder auch als sehr wahrscheinlich, sondern nur als möglich hingestellt werden. In diesem Zusammenhang sei aber darauf hingewiesen, daß die geologischen und mikroskopischen Untersuchungen SALOMONS bisher eigentlich nirgendwo in dem weitausgedehnten und sehr mannigfaltig zusammengesetzten Kontakthofe des Adamelloplutones eine Andeutung dafür geliefert haben, daß eine nennenswerte Substanzzufuhr aus dem Pluton in die Nebengesteine stattgefunden habe. Das dürfte es zum mindestens vorläufig als ratsam erscheinen lassen, auch für die Entstehung der Magnetitlinsen und Skarne von Bombià, sowie für die Granaten der kristallinen Schiefer des Baitone keine wesentlichen Substanzzufuhren aus dem Magma anzunehmen. Jedenfalls ist mit Sicherheit zu sagen, daß keine Substanzzufuhr durch Halogenverbindungen stattgefunden hat, wie sie V. M. GOLDSCHMIDT[1]) für das Oslo-Gebiet nachweist, da außer den normalen Apatitmengen im Baitone keine halogenhaltigen Mineralien in dem Kontaktgebiet gefunden wurden. Bemerkenswerterweise hat auch V. M. GOLDSCHMIDT in seiner Arbeit über die Injektionsmetamorphose im Stavangergebiet[2]) (S. 118) für den Kalk der Kontaktzone die Vermutung ausgesprochen, „daß er nicht vom Intrusivgestein her zugeführt worden ist, sondern daß die in der Kontaktzone zirkulierenden Lösungen ihren Kalkgehalt den kalkhaltigen Lagen der cambro-silurischen Formationsreihe verdanken, daß also in bezug auf Kalk nur ein Ausgleich innerhalb des Kontakthofes stattgefunden hat". Das wäre also ein vollständiges Analogon zu meiner Vermutung von der Wanderung des Eisens, Mangans und vielleicht noch anderer die Granaten der kristallinen Schiefer des Baitone zusammensetzenden Substanzen.

---

[1]) V. M. GOLDSCHMIDT, Vid. Selsk. Skr. I. 1911. Nr. 1.
[2]) V. M. GOLDSCHMIDT, Vid. Selsk. Skr. I. 1920. Nr. 10.

2. Pyroxen.

Es kommen zwei Arten von Pyroxenen in den Skarnen des Servino vor, ein schwarzer und ein grünlicher mit schwach gelblichem Schimmer. U. d. M. erscheint der erste grün, der zweite fast ausnahmslos farblos, beide ohne deutlichen Pleochroismus. Der schwarze herrscht vor, und zwar bestehen Teile der Gesteine, wie schon oben erwähnt wurde, fast nur aus Granat und diesem Pyroxen.

Die optischen Eigenschaften des schwarzen Pyroxens wurden an durch Clericilösung isoliertem Material untersucht. Die Lichtbrechung im Tageslicht nach der Immersionsmethode bestimmt, ergab

$$\gamma = 1.729$$
$$\alpha = 1.705$$
$$\gamma - \alpha = 0.024.$$

Die Auslöschungsschiefe beträgt $c:\gamma = 43\,{}^1/_2{}^0$. Dispersion ist schwach $\varrho > v$. Die Zusammensetzung dieses Pyroxens wurde nach den Tabellen von A. N. Winchell[1]) bestimmt. Danach besteht er aus

55 % Diopsid
45 % Hedenbergit.

Ähnlich zusammengesetzte Pyroxene mit fast den gleichen optischen Eigenschaften beschreiben T. Barth[2]) aus den Skarngesteinen des Urgebirges von Kristiansand und Flink[3]) von einem Diopsid von Nordmarken.

Der hellgrüne Pyroxen kommt in der Hauptsache als Füllmasse in dem Magnetiterz vor.

Die Lichtbrechung wurde nach der Immersionsmethode im Tageslicht gemessen; sie ergab

$$\gamma = 1.719$$
$$\alpha = 1.696$$
$$\gamma - \alpha = 0.023.$$

Der optische Charakter ist positiv, der Achsenwinkel $2v \sim 60^0$.

Die Auslöschungsschiefe betrug $c:\gamma = 46^0$. Aus diesen Daten ist zu entnehmen, daß es sich um einen diopsidischen Augit handelt.

Die Bildung des schwarzen Pyroxens ist wohl ähnlich wie die der Granaten zu erklären, mit denen er hauptsächlich zusammen vorkommt.

---

[1]) A. N. Winchell, Amer. Journ. Science 6. 510 (1923).

[2]) T. Barth, Neues Jahrb. f. Mineral. Beil. Band 57. A. (1928) 1079.

[3]) G. Flink, Ztschr. f. Krist. 11 (1895) 449.

3. Hornblende.

Hornblende kommt nur ganz vereinzelt in den Skarnen der Kontaktzone vor. Sie zeigt stets starken Pleochroismus mit γ und β bräunlich-grün und α fast farblos mit einem Stich ins Gelbliche. Die Auslöschungsschiefe beträgt $c:\gamma = 17^0\ 25'$, der Achsenwinkel $2\,V > 80^0$. Es handelt sich demnach um eine gewöhnliche Hornblende.

4. Glimmer.

Glimmer, soweit ich ihn bestimmen konnte Biotit, kommt in den Servinoskarnen sehr häufig vor. Man findet Gesteine, die nur aus Biotit und Granat mit wenig Plagioklas bestehen, und die man direkt als Biotitskarne ansprechen kann. Doch auch in den übrigen Gesteinen ist er z. T. reichlich vertreten. Man kann zwei Arten von Biotit unterscheiden: 1. mit γ = tiefdunkelbraun, α = hellbraun bis farblos und 2. γ = tiefgrün und α = hellgrün bis farblos. Für den ersten Biotit wurde die Lichtbrechung nach der Immersionsmethode im Tageslicht bestimmt; es wurde gefunden

$$\gamma = 1.588$$
$$\alpha = 1.553$$
$$\gamma - \alpha = 0.035.$$

Achsenwinkel fast 0. Wie sich die beiden Biotitarten chemisch unterscheiden, ließ sich nicht feststellen, da sie in demselben Gestein nebeneinander auftreten und sich nicht trennen ließen. Der grüne Biotit ist viel seltener als der braune.

5. Plagioklas.

Der Plagioklas kommt in den Servinoskarnen der Kontaktzone relativ häufig vor, wenn er auch immer nur einzeln in kleinen Körnchen beobachtet wird. Der Anorthitgehalt in Molprozenten schwankt zwischen 25 und 30 % Anorthit gemäß einer Auslöschung [001 : 010] von 7—13°. Irgendeine Zonarstruktur wurde nicht beobachtet.

6. Orthoklas.

Der Orthoklas erscheint als kleine, meistens unregelmäßig begrenzte eckige Körner. Es sind stets im Vergleich mit Quarz ω und ε bedeutend größer als α' und γ'. Der optische Charakter wurde als negativ erkannt. Er zeigt keine Gitterlamellierung, sehr oft jedoch starke undulöse Auslöschung; dieselbe läßt sich aber nicht ohne weiteres als unvollkommene Gitterstruktur deuten. Einzelne Körner zeigen Mikroperthitspindeln.

7. Quarz.

Quarz kommt so ziemlich in allen untersuchten Gesteinen vor. Die Größe der einzelnen Körnchen schwankt zwischen 0.1 mm bis fast 4 mm. Die Auslöschung ist in den meisten Fällen stark undulös.

Petrographische Beobachtungen an den Skarnen.

Granatskarn.

Die Granatskarne bestehen hauptsächlich aus Granat und Biotit oder Granat und Pyroxen. Der Granat tritt in sehr reinen Porphyroblasten, und zwar teils in kristallographisch scharf begrenzten Kristallen, teils in abgerundeten Körnchen auf, die einen Durchmesser bis zu 5 mm erreichen können. Zwischen den Granaten und in Sprüngen der Granatkristalle liegt der Pyroxen oder der Biotit. Der Pyroxen sowohl wie der Biotit bilden ein Haufwerk kleiner und kleinster Kriställchen, das nur ab und zu durch Körner von Quarz und Orthoklas unterbrochen wird. In anderen Stücken wieder findet sich der Biotit als breiter Kranz um Haufwerke von Granaten, während die Füllmasse hauptsächlich aus Quarz oder Orthoklas mit regellos eingelagerten Biotitflasern besteht. Wo Biotit mit dem Granat in Berührung kommt, gleichgültig ob der Biotit im Schliff parallel der Basis oder schief bzw. rechtwinklig zu ihr geschnitten ist, ist die Grenze stets durch die Kristallform des Granates, nicht durch die des Biotites bestimmt. Es hat also den Anschein, als ob der Granat älter als der Biotit wäre. Ebenso erhält man den Eindruck, daß auch der Pyroxen später als die Granaten entstanden sei. Mit abnehmendem Biotitgehalt nimmt die Menge des Quarzes und z. T. auch des Orthoklases merklich zu. Nimmt die Menge des Granates ab, so gehen die Gesteine in Pyroxen- bzw. Biotitskarne über.

Die Pyroxenskarne

bestehen in der Hauptsache aus dem hedenbergitischen Diopsid, etwas Granat, Quarz, Orthoklas und Plagioklas. Das Gestein zeigt eine ausgesprochen körnig verzahnte Struktur und keine Andeutung irgendwelcher Schieferung. Die Granaten bilden typische Prophyroblasten und sind vollkommen frei von Einschlüssen. Außerdem finden sich eingesprengt in diese Gesteine, sowie in die Biotitskarne eine große Anzahl kleiner Erzkörnchen, die hauptsächlich aus Magnetit bestehen. Tritt an die Stelle von Pyroxen Biotit, so bilden sich die

Biotitskarne.

Diese Gesteine bestehen zum größten Teil aus braunem, untergeordnet aus grünem Biotit, etwas Granat, Quarz und Feldspat, in der Hauptsache Plagioklas. Der Biotit kommt in langen parallel angeordneten Blättchen vor, die zwischen den polygonalen Plagioklaskristallen liegen. Vermutlich ist dies eine Folge alter Schieferung oder Schichtung. In beiden Biotitarten kommen zahlreiche pleochroitische Höfe um stark licht- und wohl auch doppelbrechende Kriställchen von (?) Zirkon vor. Der Granat tritt teils in einzelnen gut ausgebildeten Kristallen auf, teils bildet er die schon erwähnten feinen „Schnüre“, die aus vielen kleinen, aber ebenfalls gut ausgebildeten Kriställchen bestehen. Über das gegenseitige Verhältnis von Biotit und Feldspat wurde festgestellt, daß, wo der Biotit nicht mit der Basis gegen den Feldspat grenzt, immer dieser letztere die Begrenzung erzeugt und der Glimmer sich ihm anschmiegt. Wo dagegen der Glimmer mit seiner Basis gegen ihn angrenzt, da wird bald er der formgebende Teil, bald ist es der Feldspat. Da nun aber auch der Glimmer in poikilitischen Einschlüssen im Feldspat beobachtet wird, so kann ein wirklicher Altersunterschied zwischen dem Glimmer und dem Feldspat nicht bestehen. Sie dürften durch einen langen Zeitraum hindurch gleichzeitig ausgeschieden sein, wenn auch die Tatsache, daß der Glimmer zwar im Feldspat, der Feldspat aber nicht im Glimmer als Einschluß beobachtet wurde, dafür spricht, daß die Kristallisation des Glimmers früher begonnen hat als die des Feldspates. Ob die Einschlußfreiheit und vorzügliche kristallographische Begrenzung der Granatporphyroblasten wirklich auf einen Altersunterschied zurückzuführen ist, oder nur auf ungleich stärkeres Selbstreinigungsvermögen des Granates, soll dahingestellt bleiben, denn es ist ja bekannt, daß z. B. Pyrit- und Gipskristalle, die in Mergeln und Tonen nachträglich auskristallisieren, dennoch die Fähigkeit haben, die Partikelchen des Nebengesteins so vollständig zur Seite zu schieben, daß sie völlig frei von fremden Einschlüssen mit ihrer ihnen eigentümlichen Kristallform in die älteren Umgebungsmineralien eingebettet sind.

Magnetitgestein.

Salomon hält es für wahrscheinlich, daß es sich bei diesen Gesteinen um eine Umwandlung der im camunischen Servino nicht seltenen Linsen oder Lager von Eisenspat handele. U. d. M. erkennt man, daß der Magnetit hauptsächlich durch diopsidischen Augit und wenig Biotit verunreinigt ist. Der Augit bildet ein Haufwerk wirr durcheinanderliegender Kriställchen, in deren Zwischenräumen sich das Erz befindet. An einigen Stellen wurden auch einige Granatkristalle beobachtet, doch tritt ihre Menge dem Augit gegenüber sehr stark zurück. Der Erzgehalt wurde in mehreren Proben durch Trennung bestimmt, er schwankte zwischen 60 und 80 Gewichtsprozenten. Im Anschliff erkennt man, daß das Erz zum größten Teil aus Magnetit mit vereinzelten Körnern von Pyrit besteht. Das Erz macht einen stark angefressenen Eindruck, irgendwelche Reliktstrukturen von Eisenspat wurden nicht beobachtet. Es stand noch ein Vergleichsstück zur Verfügung, das von der Cresta Albarina stammte, dem Kamm westlich des Castel Camosci. Die Fundstelle liegt entweder ganz in der Nähe des Servino oder vielleicht sogar im Servino. U. d. M. sieht man, daß das Erz hauptsächlich von viel Kalkspat, fein zerriebenem Quarz und etwas Apatit begleitet ist. Augit wurde nur in ganz geringen Mengen beobachtet. Im Anschliff ist es möglich, eine einzige Stelle vielleicht als Reliktstruktur des Eisenspats auszusprechen. Die Spaltrisse sind jedoch so undeutlich zu erkennen, daß jedenfalls nicht mit Sicherheit auf eine Reliktstruktur geschlossen werden konnte.

Zusammenfassung.

In der vorstehenden Arbeit sind folgende Mineralien beschrieben: 1. ein spessartinreicher Almandin aus den zusammen mit einer Magnetitlinse auftretenden Skarnen der unteren Trias bei Bombià (Baitone-Gebiet), 2. ein ganz ähnlicher, nur noch etwas spessartinreicherer Almandin pneumatolytischer Entstehung aus kontaktmetamorphen kristallinen Schiefern zwischen Forcella di Bombià und dem Rifugio Baitone, 3. ein hedenbergitischer Diopsid, 4. ein diopsidischer Augit, 5. ein brauner und ein grüner Biotit. Diese Mineralien bilden Granatskarne mit vorherrschendem Granat und untergeordnetem Pyroxen, Pyroxenskarne mit untergeordnetem Granat und Biotit und Biotitskarne mit untergeordnetem Pyroxen und Granat.

Es wird die Vermutung ausgesprochen, daß die fast übereinstimmende Zusammensetzung der Granaten zweier so verschiedener Lagerstätten darauf zurückzuführen ist, daß zusammen mit den Restlösungen des plutonischen Magmas Eisen- und Manganlösungen aus den veränderten Gesteinen der unteren Trias in die kristallinen Schiefer hineinwanderten. Ist diese Vermutung richtig, so würde also hier, ähnlich wie es V. M. Goldschmidt für den Kalk des Stavanger-Kontakthofes als möglich gezeigt hat, Wanderungen von Substanzen aus einem Kontaktgestein in ein anderes stattgefunden haben.

Berlin-Dahlem, Januar 1930.

Kaiser-Wilhelm-Institut für Silikatforschung.

FSC
www.fsc.org
MIX
Papier | Fördert
gute Waldnutzung
FSC® C083411

Kolibri 360 GmbH
Ferdinand-Jühlke-Straße 7
99095 Erfurt, Deutschland
produktsicherheit@kolibri360.de